ABHANDLUNGEN DER DEUTSCHEN AKADEMIE DER WISSENSCHAFTEN ZU BERLIN

Klasse für Mathematik, Physik und Technik
Jahrgang 1956, Nr. 6

WERNER BOIE

DIE AUFGABEN DER WISSENSCHAFT AUF DEM GEBIETE DER DAMPFERZEUGUNG

Mitteilungen der Sektion für Maschinenbau

1957

AKADEMIE-VERLAG · BERLIN

Vorgelegt von Hrn. A. JANTE in der Gesamtsitzung vom 14. Juni 1956
Zum Druck genehmigt am gleichen Tage, ausgegeben am 15. Mai 1957

Erschienen im Akademie-Verlag GmbH., Berlin W 8, Mohrenstraße 39
Lizenz-Nr. 202 · 100/147/57
Satz, Druck und Einband: IV/2/14-VEB Werkdruck Gräfenhainichen-684
Bestell- und Verlagsnummer: 2001/56/I/6
Preis: DM 4,—
Printed in Germany

Die Dampferzeugung besteht trotz inniger Verkopplung aus zwei grundsätzlich zu unterscheidenden technischen Aufgaben: 1. Die Wärmeentbindung durch Verbrennung eines Brennstoffes und 2. die Übertragung der Wärme an das zu verdampfende Wasser und an den Dampf selbst. Damit verbunden sind noch weitere Einzelaufgaben, die oft nicht minder wichtig sind, wie die der Luft- und Brennstoffzufuhr, Asche- und Rauchgasabfuhr, Rauchgasreinigung, Speisewasseraufbereitung usw.

Feuerungen

Obwohl die Menschheit das Feuer als Segen oder Schrecken seit Jahrtausenden kennt, ist der physikalisch-chemische Vorgang der Verbrennung noch recht wenig wissenschaftlich durchdrungen. Wir kennen zwar das Ausgangsprodukt der Verbrennung, den Brennstoff, recht gut und ebenso das Endprodukt, das Rauchgas; wir kennen den Zusammenhang beider Stoffe und die Größe der entbundenen Wärme, aber alles, was dazwischen liegt, insbesondere der zeitliche Ablauf des Verbrennungsvorganges natürlicher fester Brennstoffe, ist noch wenig erforscht. Das liegt in der stark unterschiedlichen Zusammensetzung, der meist unbekannten chemischen Struktur und der damit verbundenen unterschiedlichen Reaktionsfähigkeit. Erschwerend wirken sich die mineralischen Bestandteile aus, die selbst an der Verbrennungsreaktion teilnehmen oder sich zumindest dabei verändern können. Besonders nachteilig sind dabei die meßtechnischen Schwierigkeiten, die Messung von Mengen, chemischer Zusammensetzung und Temperaturen, die nur selten mit der wünschenswerten Genauigkeit und in kürzester Zeit durchführbar sind. Es ist deshalb nicht verwunderlich, daß wesentlich jüngere Techniken der Feuerungstechnik weit voraus sind. Wie leicht hat es in dieser Beziehung die Elektrotechnik, die keine Ballaststoffe kennt, mit höchster Präzision zu messen und die alle Vorgänge weitgehend mathematisch zu erfassen vermag.

Von den *Rostfeuerungen* ist der Wanderrost wohl am weitesten entwickelt und durchforscht. Entscheidend ist die Beschleunigung der Durchzündung, ihre Abhängigkeit von der Brennstoffart. Die Entwicklung führte zum Staupendel, Zonenunterwind, Kühlbalken usw. In besonderen Fällen erwies sich die Zugabe von Oberluft zweckmäßig. Der Wanderrost setzt gleichmäßige, nicht allzu feine oder allzu grobe Körnung voraus. Da der Zündvorgang Wärmezufuhr erfordert, ist der Wärmeentzug während der Verbrennung sorgfältig der Brennstoffart anzupassen. Durch Klimatisierung der Verbrennungsluft konnte die Verschmutzung der Rauchgaswege durch Ballaststoffe weitgehend gemindert werden.

Wanderroste haben einen hohen Stand der Entwicklung erreicht. Braunkohle läßt sich wirtschaftlich nur in Form von Industriebriketts auf ihnen verfeuern. Das liegt daran, weil der Wanderrost eine gleichmäßige Körnung des Brennstoffes verlangt und weil Rohbraunkohle wegen des hohen Wassergehaltes eine ungenügende Durchzündung von oben (Oberzündung) erfährt. Bemühungen sind im Gange, den Wanderrost auch für Rohbraunkohle zu verwenden. Zwei Wege versprechen Erfolg: Unterzündung durch Vorrost und Vortrocknung der Kohle vor der eigentlichen Aufgabe auf den Rost. Der Feuerraum wird aber anders aussehen müssen, weil der Wärmebedarf auf dem Brennstoffweg bis zur Zündung wesentlich höher ist gegenüber Brikettfeuerungen, weshalb der Wärmeentzug während der Verbrennung gemindert und verlagert werden muß. Diesen Unterschied soll eine Gegenüberstellung zeigen.

Wärmebedarf zur Erwärmung von Brennstoff und Luft auf Zündtemperatur in Prozent vom Heizwert

Brennstoff	Zündtemperatur °C	für Brennstoff %	für Luft %	Summe %
Rohbraunkohle	200	19,5	9,5	29,0
Brikett	200	3,5	8,5	12,0
Steinkohle	250	1,3	10,1	11,4
Gichtgas	600	19,0	20,0	39,0
Heizöl	230	1,2	9,6	10,8

Hierbei ist vorausgesetzt, daß die gesamte Verbrennungsluft jeweils auf die Zündtemperatur des Brennstoffes erwärmt wird. Im Wärmebedarf zur Erwärmung des Brennstoffes ist der der Wasserverdampfung enthalten. Man sieht aus der Gegenüberstellung, daß man Steinkohlen wohl durch Braunkohlenbriketts ersetzen kann, nicht aber ohne weiteres durch Rohbraunkohle. Wenn auch die Entwicklung eines Universalrostes nicht hoffnungslos erscheint, so setzt er doch Siebkohle voraus und wird Bestleistungen weder mit dem einen noch mit dem anderen Brennstoff versprechen.

Wenn man bedenkt, daß einerseits eine Kohle erst etwa bei 200° C zündet und diese Temperatur bei Atmosphärendruck erst nach Trocknung erreicht werden kann und andererseits wie groß der Raumbedarf eines Kohletrockners ist, so wird man die Schwierigkeiten erkennen, die bei der Rohbraunkohlenverfeuerung auftreten. Die Trocknung ist eine Frage der Wärmeübertragung. Die Trocknungsleistung kann gesteigert werden durch große Oberflächen des Trocknungsgutes (durch Zerkleinern oder Mahlen) oder durch hohe Temperaturen. Der Rost verlangt Stückigkeit des Brennstoffes. Deshalb sind bei Rohbraunkohlenrosten hohe Temperaturen Voraussetzung für hohe Verbrennungsleistung. Es ist also Wärmeentzug während der Verbrennung zu vermeiden. Die Trocknung und Durchzündung der Brennstoffschicht wird gefördert durch Unterzündung und vorsichtiges Schüren, bei dem ein Grundfeuer erhalten bleibt. Nach diesen Grundsätzen, die sich aus der Art des Brennstoffes ableiten lassen, sind Braunkohlenroste entwickelt, die speziell in der Deutschen Demokratischen Republik einen hohen Entwicklungsstand erreicht haben. Das sind unter anderem die mechanischen Mulden-, Treppen-, Gegenschub- und Schwingroste. Dabei muß aber immer wieder betont werden, daß die Art und Konstruktion des Rostes niemals allein entscheidet, sondern nur der Rost in Verbindung mit dem Feuerraum.

Will man die Rostleistung noch weiter steigern, so wird man sich dem Ablauf der Verbrennung von Rohbraunkohle stärker widmen müssen. Die einzelnen Phasen der Erhitzung und Verbrennung wie Trocknen, Schwelen, Entgasen und Vergasen laufen wohl für eine kleinste Brennstoffeinheit zeitlich nacheinander ab. An einem größeren Kohlenstück und längs des Brennweges auf dem Rost vollziehen sich diese Vorgänge nebeneinander und gleichzeitig. Wenn ein Kohlenstück äußerlich angetrocknet ist, vermag es bereits zu brennen, während es im Innern noch unvermindert den ursprünglichen Wassergehalt besitzt. Der Brennzone wird ständig durch Wärmeleitung in das Innere und durch den von innen nach außen tretenden Wasserdampf Wärme entzogen, während gleichzeitig die herangeführte Luft zusätzlich erwärmt werden muß. In der Zone des Rostes, in der sich dieser Vorgang

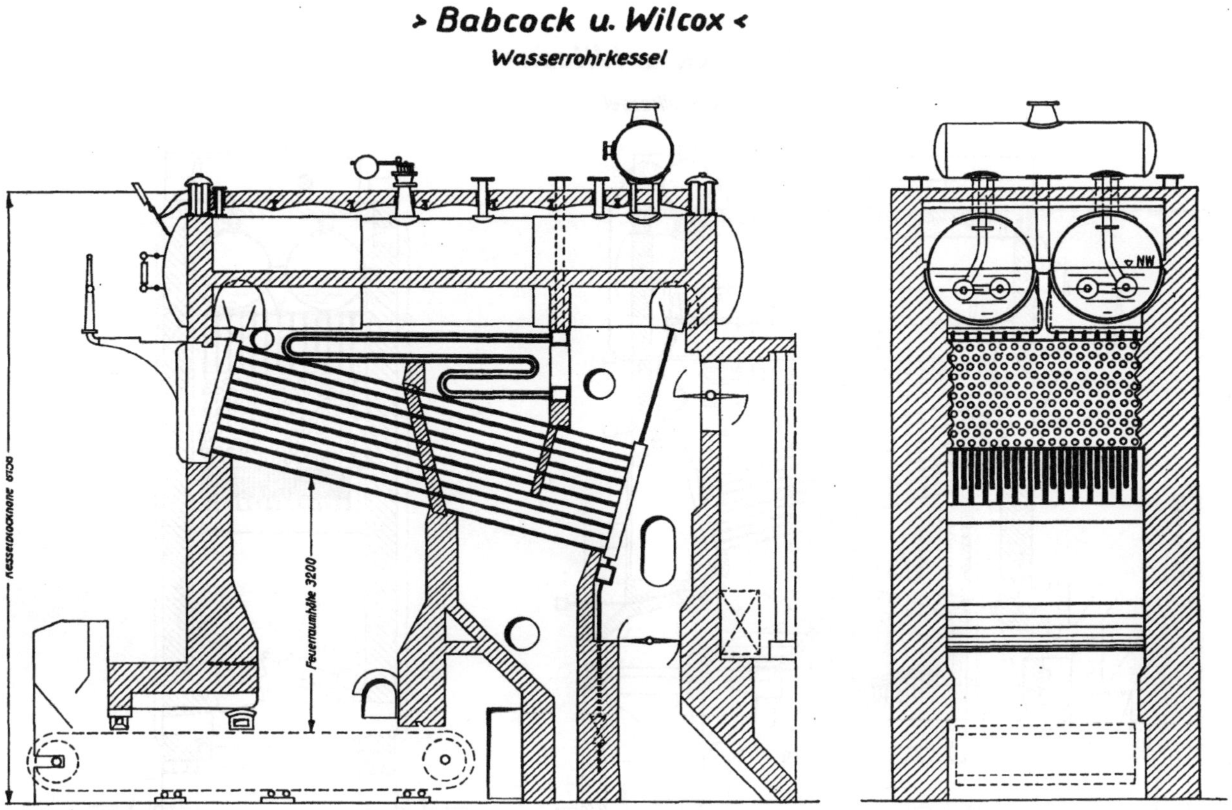

Vor dem Umbau:

Kessel:	*Dampfleistung:*	*8,0 t/h*
	Heizfläche:	*283,5 m²*
	Genehmigungsdruck:	*22,0 kg/cm²*
	Baujahr:	*1924*
Überhitzer:	*Heizfläche:*	*70,5 m²*
	Genehmigungsdruck:	*22,0 kg/cm²*
	Temperatur:	*400 °C*
Rost:	*Rostfläche:*	*10,3 m²*

Abb. 1. Leistungssteigerung eines Sektionalkessels für Braunkohlenbriketts, 22 atü, durch Vergrößerung des Brennraumes, Verbesserung der Feuerraumform, Einbau von Strahlungsheizflächen und eines wassergekühlten Rückführgewölbes

a) Kessel vor dem Umbau. Leistung 8 t/h maximal

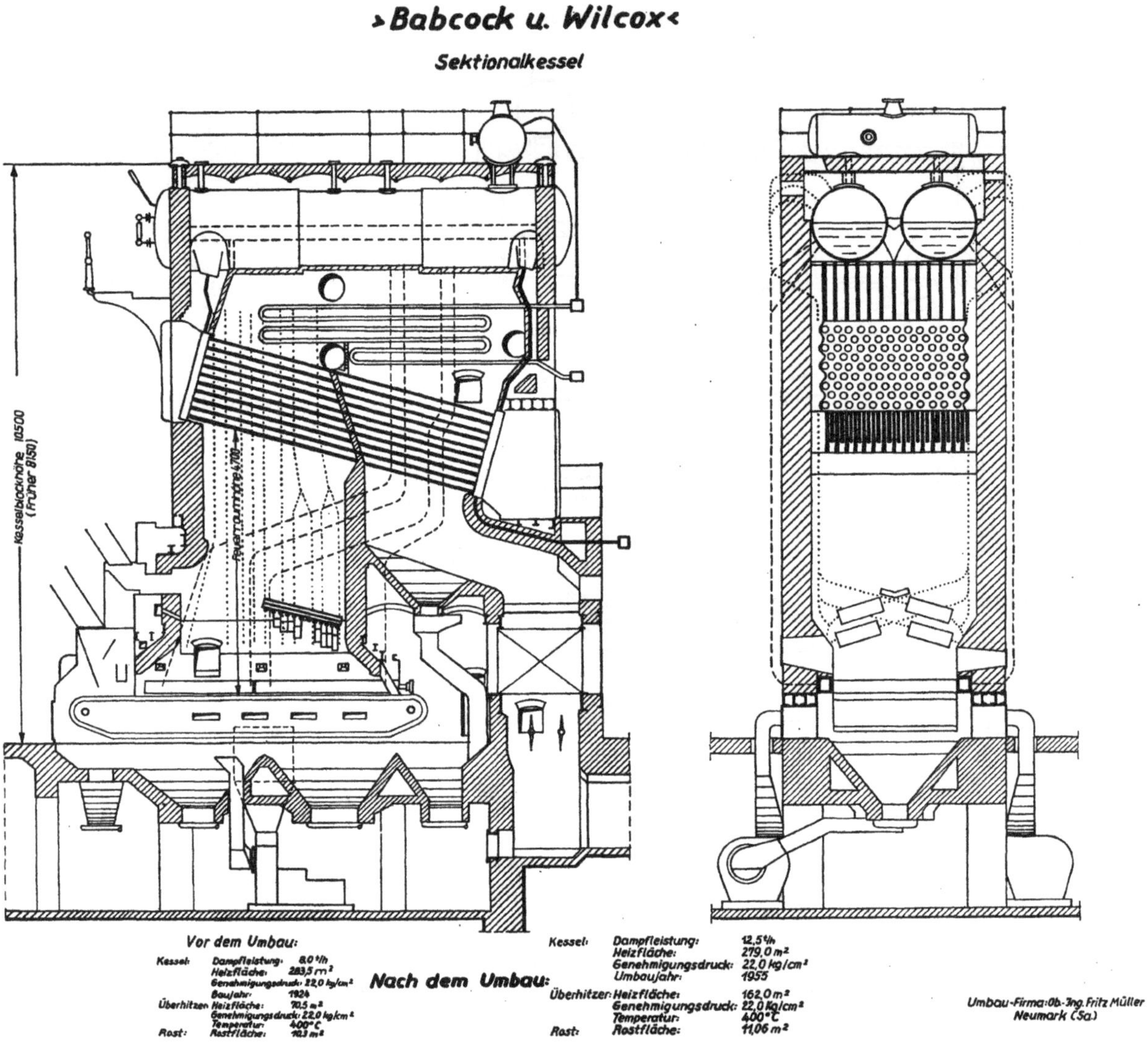

b) Kessel nach dem Umbau. Leistung 12,5 t/h normal, 17 t/h maximal abspielt, sollte möglichst keine Wärme durch Strahlung an Heizflächen abgegeben werden. Hingegen kann am Ende des Rostes, wo die Trocknung bis ins Innere durch Abbrand oder Kornzerfall vorgedrungen ist und wo man nur noch mit einer Kohlenstoffvergasung oder Verbrennung zu rechnen hat, Strahlungswärme nutzbar abgegeben werden. Das bedeutet also, daß man mehr als bisher von den altbekannten Rückführgewölben Gebrauch machen, aber — und das erscheint mir neu — diese am Rostende durch Siederohre kühlen sollte (Abb. 1a und 1b). Wir haben also längs des Brennweges von Rohbraunkohlenrosten ganz verschiedene Vorgänge. Wenn man die Rostlänge in einzelne Zonen sich geteilt denkt, so muß je nach mittlerem Trocknungs-, Entgasungs- und Vergasungsgrad für jede Zone eine entsprechende Verbrennungsrechnung durchgeführt werden. Dem unterschiedlichen Luftbedarf jeder einzelnen Zone ist man inzwischen gerecht geworden durch Zonenluftregelung, die man jetzt auch bei Braunkohlenschürrosten eingeführt hat. Nur ungenügend aber hat man den Wärmeentzug längs des Brennweges gesteuert. Da am Rostende praktisch eine Art Koksverbrennung erfolgt, läßt sich dort ein stärkerer Wärmeentzug dann besser anwenden, wenn man den Brennstoff zu höherer Schicht wie beim Wanderrost anstaut.

Diese Überlegungen betreffen die Verbrennung auf dem Rost. Die dabei entwickelten Gase verbrennen aber erst im Raum über dem Rost. Dieser sekundären Gasverbrennung muß mehr als bisher Beachtung geschenkt werden. Voraussetzung für rasche und vollständige Gasverbrennung ist ein gleichmäßiges Gemischfeld. Das läßt sich über einen langgestreckten Brennweg trotz Zonenluftzufuhr wegen des sich mit dem Brennweg ständig ändernden Brennstoffes (etwa im Sinne einer Inkohlung) kaum durchführen. Eine nachträgliche Luftzufuhr hat, wie die Erfahrung lehrte, nur zweifelhaften Wert, weil 1. die Gasverbrennung höhere Zündtemperatur (etwa 600° C) verlangt als die Kohleverbrennung, Abkühlung vorübergehend die Verbrennung unterbindet, und weil 2. die Mischung von Luft und heißem Feuergas wegen der goßen Zähigkeitsunterschiede nur mit großem Energieaufwand möglich ist. Erfolgreicher erscheint die Mischung des Feuergases durch Geschwindigkeitserhöhung, indem man den Feuerraum über dem Rost — und zwar am besten über dem Rostanfang — stark einschnürt.

Auf dem Gebiete der *Staubfeuerung* ist in Deutschland in den letzten 10 Jahren in bezug auf Leistungssteigerung großes geleistet worden. Im Streben nach hohen Verbrennungstemperaturen hat zunächst der mineralische Ballast durch niedrigen Sinter- und Schmelzpunkt Schwierigkeiten gemacht und führte zu Schmelzfeuerungen, die verschiedene Formen angenommen haben. Die schon 1931 gegebene Voraussage, daß die Ausbildung der Brennkammer als Fliehkraftabscheider für die flüssige Asche ein Entwicklungsziel sein wird [1], hat sich bewahrheitet. Dabei haben sich drei Grundformen ausgebildet, die heute mehr und mehr die alten Schmelzfeuerungen ablösen. Sie werden zwar alle Zyklonfeuerungen genannt, unterscheiden sich jedoch wesentlich im Prinzip. Der amerikanische Horizontal-Zyklon ist von Babcock im Verein mit den Untersuchungen von Cautius [2] in Deutschland weiterentwickelt worden. Die deutsche Lösung nähert sich durch tangentiale Brennstoffzugabe dem Fliehkraftabscheider. In ihm erfolgt keine vollständige Verbrennung. Die Gasverbrennung wird außerhalb des Zyklons fortgesetzt und benötigt zur besseren Gemischbildung Prallflächen, Strömungsumkehr und Mischgitter auf dem weiteren Gasweg, welche Mittel auch die Aschenbindung begünstigen. Die sowjetische Lösung ist eine ähnliche aber senkrechte Brenn- und Aschenschmelzmuffel [3]. Die Feuergase treten im Gegensatz zu den herkömmlichen Fliehkraftabscheidern unten mit der flüssigen Asche aus. Ein ähnlicher Zyklon wurde in der Deutschen Demokratischen Republik entwickelt sowie im rheinischen Braunkohlengebiet [4]. Die schon 1940 begonnene Entwicklung der KSG führte zu einem senkrechten Zyklon, der weitgehend dem Fliehkraftabscheider entspricht (Abb. 2). In ihm wird eine

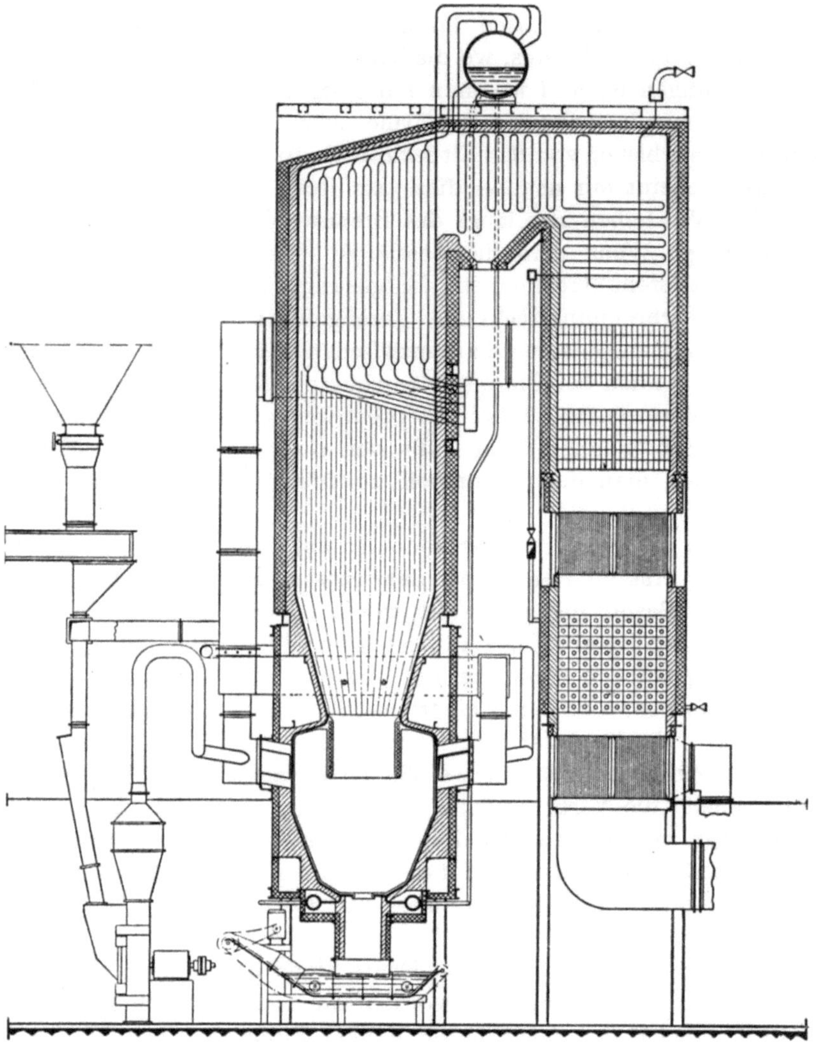

Abb. 2. KSG-Zyklonkessel, 25 t/h, 16 atü

vollständige und vollkommene Verbrennung erreicht, so daß sich im Zyklonhals keine unverbrannten Gase mehr befinden [5, 6].

Bei den hier auftretenden hohen Temperaturen von 1650 bis 1750° C verändert sich der mineralische Ballast und verdampft teilweise. Dieser Vorgang ist außer von der Temperatur wesentlich von der Zeit der Temperatureinwirkung auf die Schlacke abhängig. Da diese Dämpfe bei niederen Temperaturen an den Heizflächen sich als feste Ablagerungen oder Anwehungen wiederfinden und die Reisezeiten verkürzen, wird *der* Zyklon auf die Dauer nur Bestand haben, der eine kürzeste Aufenthaltszeit der Schlacke im Bereich der hohen Temperaturen gewährt. Die Erfahrungen sind noch zu jung, als daß man endgültiges zu sagen vermag. Es hat den Anschein, als ob der KSG-Zyklon die besten Voraussetzungen hierfür bietet.

Für unsere von den Steinkohlenaschen wesentlich sich unterscheidenden Braunkohlenaschen läßt sich ohne praktische Erfahrung schwer sagen, ob ein Zyklon wirtschaftliche Vorteile bietet. Bei Steinkohle liegt der Vorteil auf der Hand, weil Steinkohle im Verbraucherschwerpunkt verbrannt wird und dort Flugasche vermieden werden muß. Die granulierte

Schmelzasche ist leicht zu beseitigen, zu transportieren und zu lagern und hat noch einen Verkaufswert. Braunkohlenzyklone sind spezifisch teurer als Feuerungen mit trockenem Aschenabzug und werden nur in Grubennähe Bedeutung gewinnen, wo aber andererseits für die Aschenverkippung und Beseitigung stets Gelegenheit ist. Ob die Aschenverdampfung bei Braunkohle größere Schwierigkeiten macht, ist zwar zu befürchten, muß aber die Erfahrung erst lehren. Der Zyklon mit rascher Schmelzflußabfuhr (KSG-Prinzip) verspricht bei Salzkohle gewisse Vorteile, während gerade eine längere Verweilzeit der Schlacke bei hohen Temperaturen für Salzkohle unangebracht erscheint.

Parallel zur Entwicklung der Zyklon- und überhaupt Schmelzfeuerungen zeichnet sich mehr und mehr eine andere Entwicklungsrichtung ab, die eine Staubverbrennung bei niedrigst möglichen Temperaturen anstrebt. Sie will die meist ungünstige Methamorphose der mineralischen Bestandteile und ihre Verdampfung vermeiden. Sie wurde deshalb besonders bei den temperaturempfindlichen Salzkohlen vorgeschlagen [7] und bei rheinischer Braunkohle mit Erfolg angewandt [8, 9]. Das Ziel ist dabei nicht etwa die Absenkung der Brennkammerendtemperatur, sondern niedrige Flammentemperaturen. Dieser Weg führt zwangläufig zu neuen Brennraumformen (Abb. 3). Sie lassen sich unter gewissen Annahmen errechnen. Aus den bekannten Ansätzen der Brennraumberechnungen mit Hilfe der Wärmebilanz der Strahlungsübertragung, der Wärmebilanz der Verbrennung und der Brennzeitgleichung ergibt sich, daß bei gegebenem Brennstoff, gegebener Lufttemperatur, Brennkammerendtemperatur und stündlicher Brennstoffmenge nur ein ganz bestimmtes Verhältnis der Brennkammerweite zur Höhe gewählt werden kann. Dabei zeigt sich, daß die Brennkammerweite unabhängig von der Brennstoffmenge ist, hingegen die Brennkammerhöhe bzw. -länge proportional mit der stündlichen Brennstoffmenge wächst [10]. Aus dieser Erkenntnis muß von der herkömmlichen Brennkammerform abgewichen und einem Brennkanal zugestrebt werden, in welchem die Verbrennung bei hohen Geschwindigkeiten erfolgt. Das hat den Vorteil einer guten Gemischbildung und eines gleichmäßigeren Temperaturfeldes. Die Kühlung längs des Brennweges ist aber den jeweiligen Brenneigenschaften des Brennstoffes sorgfältig anzupassen, um eine möglichst gleichhohe Temperatur längs des Gasweges zu erhalten. Das setzt die genaue Kenntnis des zeitlichen Ablaufs der Staubverbrennung voraus, worüber Forschungen notwendig werden. Man nähert sich bei dieser Art der Staubverbrennung der Gasverbrennung, bei der auch die Abhebegeschwindigkeit eine große Rolle spielt. Feuerungen mit niedrigsten Verbrennungstemperaturen werden empfindlich sein gegen Brennstoffwechsel und Laständerungen. Eine Ideallösung für Salzkohle wäre ein Zyklon mit trockenem Aschenabzug.

Auf dem Gebiete der *Stauberzeugung* für Dampferzeuger unterscheidet man Zentralmahlanlagen und Einblasemühlen. Zentralmahlanlagen sind beinahe seit 30 Jahren nur noch für schwer mahlbare Brennstoffe wie Koks verwendet worden, weil sich für diesen Brennstoff die Rohrmühle zwar am besten, als Einblasemühle aber wenig eignet. Die Zentralmahlanlage kann wieder Bedeutung gewinnen entweder aus regelungstechnischen Gründen bei Spitzenlastkesseln oder um höhere Kesselwirkungsgrade anzustreben. Bei solchen Anlagen liegt der Gewinn darin, daß die Brüden aus der Kohletrocknung mit niedrigerer Temperatur als die Kesselabgase abgestoßen werden. Der Unterschied der fühlbaren Wärme dieser Abgase macht die Wirkungsgradverbesserung aus, wenn es gelingt, einen Staubverlust bei der Trocknung, der diesen Gewinn aufheben könnte, weitgehend zu vermeiden. Es ist aber die Frage, ob die höheren Kosten solcher Anlagen sich durch Einsparung an Kohle rechtfertigen lassen, was bei den niedrigen Braunkohlenpreisen zweifelhaft ist.

Von den zahlreichen Einblasemühlen setzten sich die Hammer- und Ventilatormühlen durch, die heute nebeneinander sich behaupten. Der unbestrittene Vorteil der Ventilatormühlen ist die hohe Ventilatorleistung, durch die je nach Bauart der Mühle beliebig große Rauchgasmengen angesaugt werden können, die zur Trocknung notwendig sind, und die

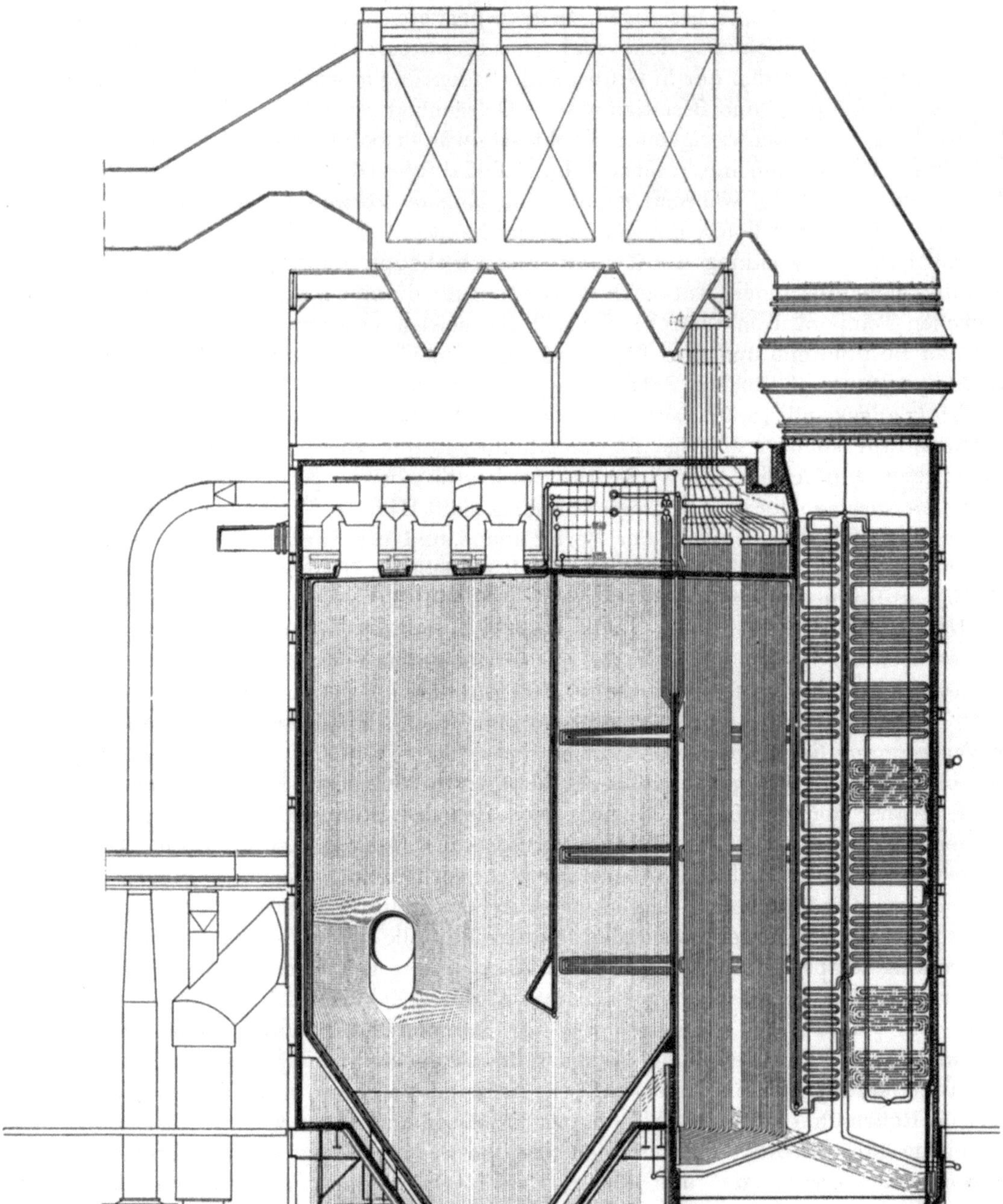

Abb. 3. Steinmüller-Bensonkessel, 450 t/h, 205 atü (gleichmäßige Brennstoff- und Luftverteilung auf den Feuerraumquerschnitt, langer Brennweg, weitgehende Abkühlung der Rauchgase durch Strahlungsheizflächen)

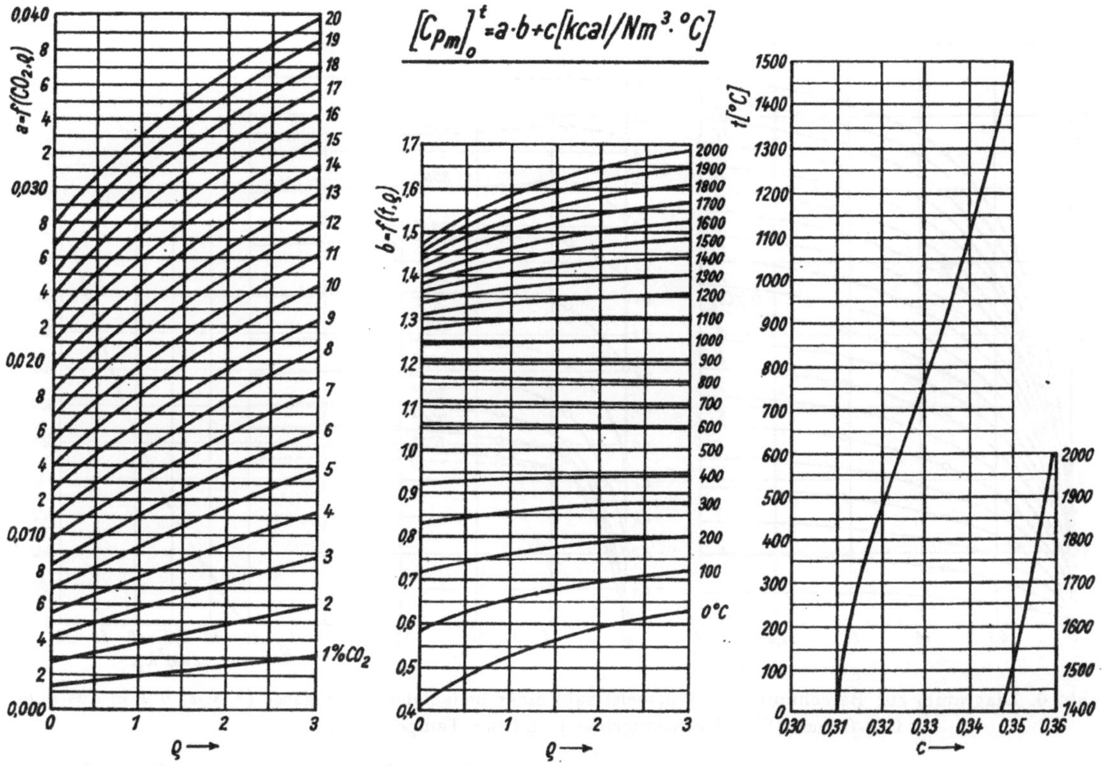

Abb. 4. Diagramm zur Berechnung der mittleren spez. Wärme eines beliebigen Rauchgases aus dem CO_2-Gehalt [%], der Kenngröße $\varrho = \frac{2}{3} \cdot \frac{9h + w}{c}$ (h = Wasserstoffgehalt, w = Wassergehalt, c = Kohlenstoffgehalt des Brennstoffes) und der Temperatur t [°C]

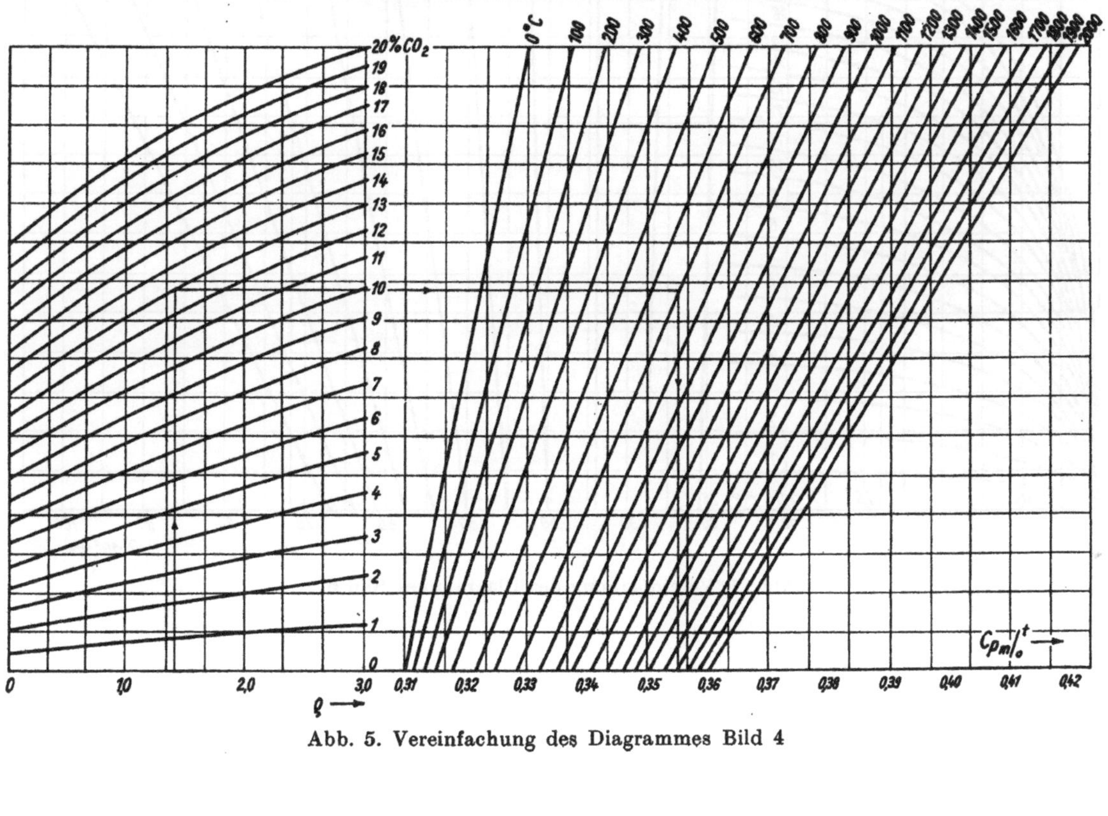

Abb. 5. Vereinfachung des Diagrammes Bild 4

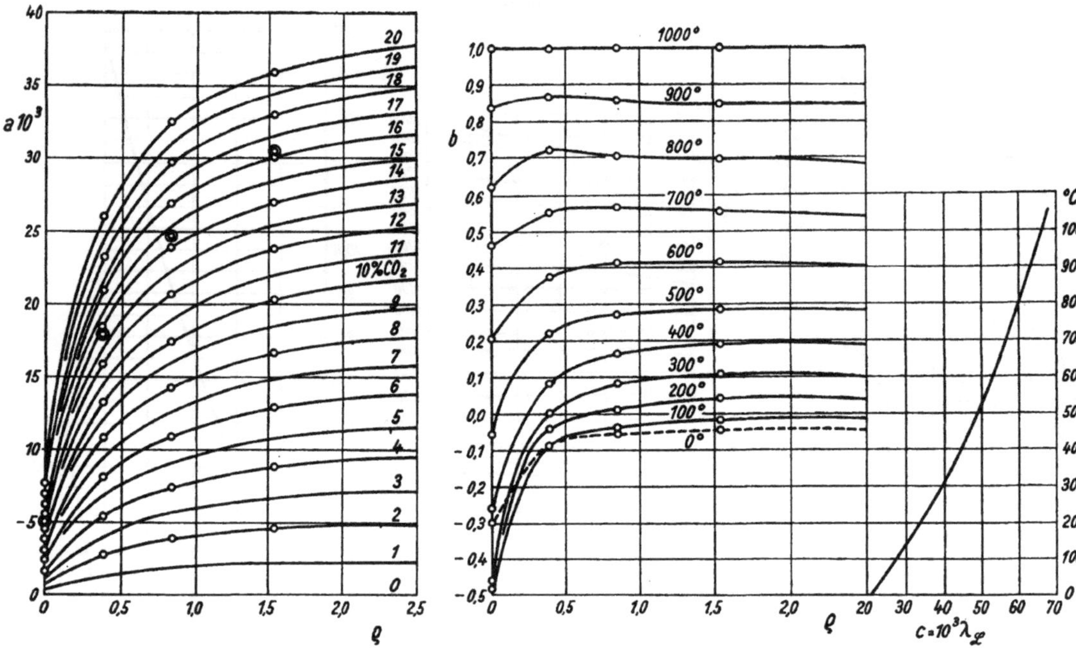

Abb. 6. Diagramm zur Berechnung der Wärmeleitzahl eines beliebigen Rauchgases ($\lambda = a \cdot b + c$) aus dem CO_2-Gehalt [%], der Kenngröße ϱ und der Temperatur t [° C]

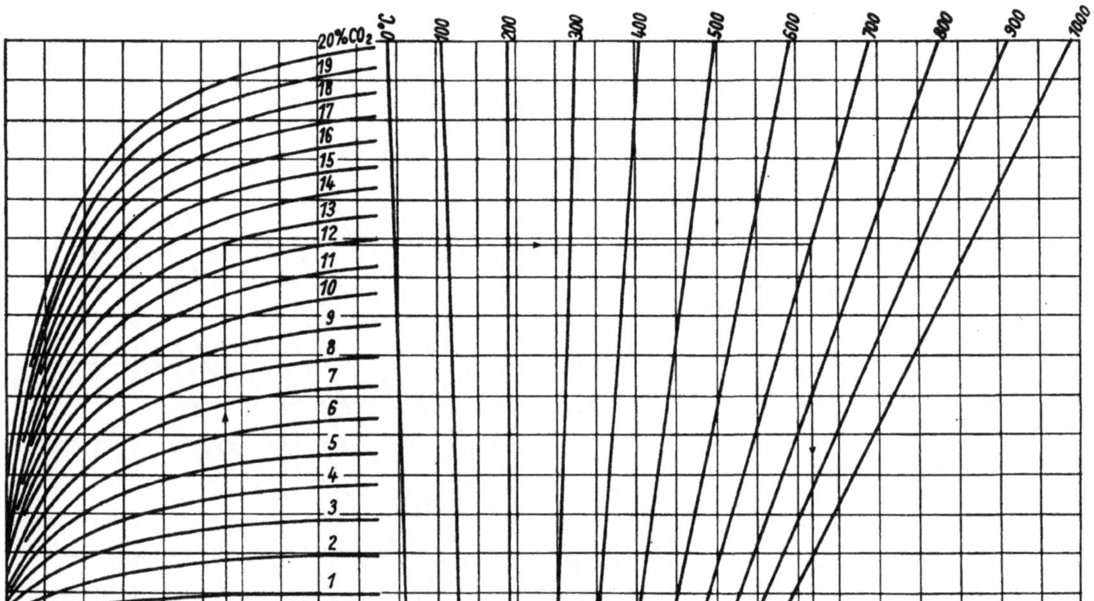

Abb. 7. Vereinfachung des Diagrammes Bild 6

hohe kinetische Energie von Staub und Trägergas, die eine einwandfreie Strömungssichtung und normale Brenner anzuwenden gestattet. Durch den spritzkornfreien Staub ergibt sich besserer Ausbrand und längere Reisezeit. Die Weiterentwicklung der Hammermühlen nähert sich daher im Prinzip mehr und mehr den Ventilatormühlen. Der Vorteil der guten Sichtungsmöglichkeit nach Ventilatormühlen kehrt sich zum Nachteil um, wenn vorübergehend sehr aschereiche oder schwermahlbare Kohle verarbeitet werden muß. In solchem Falle begrenzt der Sichter die Durchsatzleistung der Mühle, während die Hammermühle weitgehend die Leistung unter Verzicht auf Wirkungsgrad zu halten vermag.

Für die weitere Entwicklung wird entscheidend sein, welches System größte Einheiten zu bauen gestattet — es gibt heute schon Ventilatormühlen mit 70 t/h Braunkohlendurchsatz — und welches System sich am besten für die Automatik eignet, d. h. welches System die geringste regelungstechnische Totzeit verspricht. Hier hat die Ventilatormühle gewisse Vorteile. Auch für eine sogenannte „kalte“ Verbrennung eignet sich die Ventilatormühle besser, weil sie größere Rauchgasumwälzung bei Rohbraunkohle gestattet und diese zu günstigeren Brennkammerabmessungen führt.

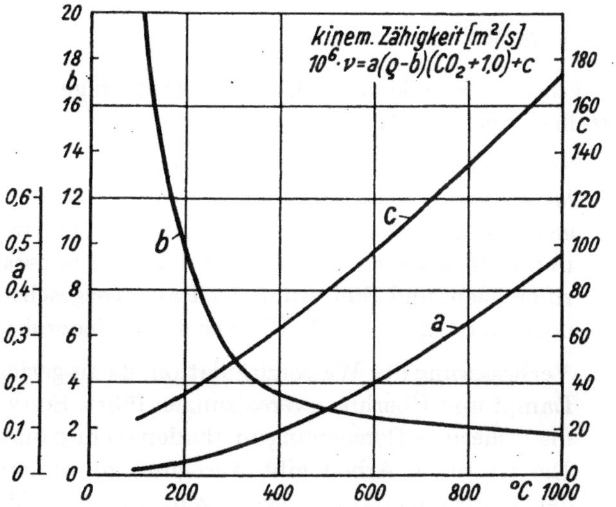

Abb. 8. Hilfsgrößen zur Berechnung der kinematischen Zähigkeit ν eines beliebigen Rauchgases aus dem CO_2-Gehalt [%], der Kenngröße ϱ und den temperaturabhängigen Größen a, b und c

Die zweckmäßigste Mahlfeinheit und Korngrößenverteilung kann nur im Zusammenhang mit der Art der Feuerung festgelegt werden. Die „Stromverbrennung“ im Kanal verlangt eine ganz bestimmte Korngrößenverteilung, wenn man eine über einen langen Brennweg konstante Verbrennungstemperatur erzielen will. Sie wird wiederum sehr von der Art des Brennstoffes, besonders von ihren flüchtigen Bestandteilen abhängen. Hier ergibt sich noch ein weites Gebiet der Forschung. Die Technik der Kohlenmahlung ist noch keineswegs abgeschlossen. Um den Verschleiß zu mindern, ist das Prinzip der Mahlung durch Reibung von Kohle gegen Kohle aussichtsreich. In dieser Hinsicht sind verschiedene Entwicklungen im Gange, über deren Erfolg sich noch nichts sagen läßt. Das Ziel ist aber nicht allein Senkung des speziellen Arbeitsaufwandes (kWh/t) und Verschleißminderung, sondern auch eine wesentliche Verbesserung der Sichter. Es genügt nicht, durch den Sichter die mittlere Korngröße zu beeinflussen. Die neue Feuerungstechnik muß auch eine Beeinflussung des Richtungsfaktors n, der bei gegebener mittleren Korngröße das Verhältnis von Feinkorn zu Grobkorn kennzeichnet, fordern. Erfahrungen darüber, ob dieses Ziel allein durch Entwicklung neuer Sichter erreicht werden kann, oder ob auch die Bauart der Mühle dafür maßgebend ist, liegen nur ungenügend vor, um diese Frage zu beantworten.

Aus diesen Betrachtungen wird man erkennen, daß für die weitere Forschung eine umfassende Kenntnis der Brennstoffe, insbesondere hinsichtlich ihres zeitlichen Verbrennungsablaufes notwendig ist. Ein Beitrag hierzu ist eine geeignete Systematik der Brennstoffe [11], [12], ihre Charakterisierung durch wenige aber vielsagende Kenngrößen, die Vereinfachung der Verbrennungsrechnung und die Ermittlung der Stoffwerte des Rauchgases [13] (Abb. 4—8), aus der sich auch einfache Meßverfahren zur Feststellung der Güte der Verbrennung ableiten lassen. Der Weg zu einer solchen Systematik und Rechnungsvereinfachung führt über die Statistik. Sie öffnete den Weg insbesondere zu einer Systematik der so verschiedenen technischen Brenngase und ergab neue Erkenntnisse, die für die Meßtechnik und Verbrennungsforschung von Nutzen sein werden [14]. Wenn auch ein Brennstoff weitgehend durch einzelne Kenngrößen charakterisiert werden kann, wie auch die Korngrößenverteilung eines Brennstaubes durch zwei Größen nach dem RRS-Kornverteilungsgesetz sich bestimmen läßt, so fehlt es doch noch an einem geeigneten Kriterium, das sein brennliches Verhalten kennzeichnet. Die Elementaranalyse oder die sich daraus errechnenden Kenngrößen sowie Heizwert und flüchtige Bestandteile reichen leider noch nicht aus, da auch Korngröße und Korngrößenverteilung (Oberflächenverteilung, Gütegrad des Mahlgutes [15], [16], [17]) in dieses Kriterium eingehen müssen.

Dampfkessel

Für die Dampfkessel selbst lassen sich einige besonders wichtige Entwicklungsziele herausstellen. Diese sind:

1. Steigerung der Leistung zur Anpassung an die Leistungen des Turbinenbaues und zur Minderung des spez. Eisenbedarfes und Kapitalbedarfes. Sie wird erreicht durch weitgehende Nutzung der Strahlungswärmeübertragung, günstige Anordnung von Wasser- und Luftvorwärmer, um hohe wirksame Temperaturdifferenzen für die Wärmeübertragung zu erzielen, und Steigerung der Rauchgasgeschwindigkeit. Der spez. Eisenbedarf läßt sich noch verringern durch Übergang zu Siederohren kleineren Durchmessers.
2. Verbesserung der Wasserzirkulation, da zu geringe zu Rohrreißern und zu hohe zu nassem Dampf und Überhitzerversalzungen führt. SCHWARZ hat experimentell nachgewiesen, daß die bisherigen Berechnungsmethoden nicht ganz die tatsächlichen Verhältnisse treffen [18]. Die wertvolle Arbeit gibt Anregung zu weiterem Studium. Dies erscheint wichtig, da der Naturumlaufkessel regelungstechnisch vorläufig für Spitzenlastbetrieb noch einfacher ist als Zwangdurchlaufkessel [19].
3. Verbesserung der Technik der Wasseraufbereitung. Sie ist Voraussetzung für die Strahlungswärmeübertragung und Verwendung von starkgekrümmten Siederohren mit kleinem Durchmesser. Die Fortschritte auf diesem Gebiet in den letzten Jahren ließen Zweifel aufkommen, ob die Verdampfungsmethoden, die gerade der Wasserentsalzung aus dem Wege gehen wollten (Löffler- und Schmidt-Hartmann-Kessel) noch Existenzberechtigung haben. Solche Befürchtungen sind jedoch unberechtigt wenigstens in bezug auf den Schmidt-Hartmann-Kessel. Entscheidend sind hierbei die Dampfkosten, die wesentlich von der Höhe des Salzgehaltes im Rohwasser abhängen. Für die DDR ergeben sich auf diesem Gebiet große Aufgaben, um den Vorsprung anderer Länder aufzuholen.
4. Verbesserung der Dampfreinheit. Das Mitgehen von Wasser und damit auch von Salzen erfolgt auf verschiedene Art und führt in jedem Falle zu Störungen im Kessel selbst sowie zu Überhitzerschäden, Verkrustung von Armaturen, Turbinenschaufelversalzung. Die Gegenmaßnahmen richten sich aber sehr nach der Art des Wassermitreißens. Es erscheint notwendig, sich erst einmal hierüber Klarheit zu verschaffen, ehe man an die Gegenmittel denkt. a) Bei nicht stabiler Wasserzirkulation im Kessel tritt Pulsieren, Stoßen und Stampfen auf. Wasserspiegelschwankungen und starke Wellenbildung in der Obertrommel sind die Folgen. Erfahrungen haben gelehrt, daß nicht allein das System der Zirkulation, örtlich wechselnde Beheizung (Nachverbrennung) die Ursache sind, sondern auch die Wasserbeschaffenheit daran beteiligt sein kann. Die Folge ist Mitreißen großer Wasser-

tropfen, die sich durch plötzlichen Temperatursturz nach dem Überhitzer anzeigen. b) Die zweite Art solcher Störungen ist das Schäumen. Hier zeigen sich keine Temperaturstürze, sondern eine konstante niedrige Dampftemperatur ist hierfür kennzeichnend. Die Ursache ist ausschließlich in der Wasserbeschaffenheit zu suchen und nur durch deren Änderung zu beseitigen. Temperaturbeständige Antischäummittel können Erfolg versprechen, wenn der Schaumerreger nicht entfernt werden kann. c) Die dritte und wohl häufigste Art ist das Mitreißen fein zerstäubter Wassertropfen in Form eines Nebels. Hohe Relativgeschwindigkeit zwischen Dampf und Wasser kann zur Gischtbildung führen. Die Wasserabscheidung aus Dampf unterscheidet sich wesentlich von der Staubabscheidung. Man kann daher die Methoden der Staubabscheidung nicht ohne weiteres auf Dampf übertragen. Zyklone erfordern hohe Dampfgeschwindigkeit. Sie kann zur Tropfenzerkleinerung und Vernebelung (Verdüsung) führen und den Zustand verschlimmern. Die Zusammensetzung der im Wasser enthaltenen Salze beeinflußt die Oberflächenspannung. Sie wird dafür verantwortlich sein, ob Wasser abgeschieden oder vernebelt wird. Darauf ist es zurückzuführen, daß Zyklone hier Erfolg und dort Mißerfolg brachten [20].

5. Regelungstechnisches Verhalten. Die heute gebauten Grundlastwerke werden später mehr und mehr zu Spitzenlastkraftwerken werden. Dabei ist anzunehmen, daß die Spitzenlast nicht nur ständig steigt, sondern immer steiler verlaufen wird. Der Zwang zur automatischen Frequenzregelung wird das Spitzenlastproblem steigern. Da nicht alle Dampferzeugerbauarten gleich gutes regelungstechnisches Verhalten zeigen, wird es notwendig, beizeiten die konstruktive Entwicklung unter dem Gesichtspunkt einer guten Automatik durchzuführen. Das bezieht sich nicht nur auf die Dampferzeugerbauart, sondern auch auf die Regelung der Hilfsantriebe, wie Brennstoffaufgabe, Luftzufuhr, Saugzug, Temperaturregelung usw. Dabei sind Speicherungen teils vorteilhaft, teils unerwünscht.

6. Emissionen. Zur Zeit besteht in der DDR noch kein Gesetz über die zulässigen Emissionen aus Dampferzeugern wie in anderen Ländern. Der technische Fortschritt wird aber gerade in bezug auf Hebung des Allgemeinwohles sich auswirken müssen. Eine Beschränkung des Staubauswurfes aus Schornsteinen wird nach Maßgabe der Umgebung sowohl absolut (in kg/h je Schornstein) als auch spezifisch (in g/m^3) zunächst für Neuanlagen erfolgen müssen. Die technischen Voraussetzungen können als gegeben angesehen werden. Anders und viel schwieriger ist es bei den schädlichen Gasen (SO_2), deren Menge stark vom Brennstoff und z. T. auch von der Art der Feuerung und des mineralischen Brennstoffbalastes abhängt [21]. Die vielfach geäußerte Ansicht, daß hier der Übergang vom festen Brennstoff zum Gas die einzig wirksame Maßnahme sei, ist wohl richtig, aber nur bei Kleinstfeuerungen und in besonderen Fällen wirtschaftlich vertretbar. Für die Dampferzeugung mit einem aus Rohbraunkohle erzeugten Gas insbesondere in Kraftwerken ist in Zukunft wie auch heute keine wirtschaftliche Lösung zu erwarten.

In der *Diskussion* wird zunächst noch über die Schlägermühlen gesprochen. Herr Boie stellt zusammenfassend dazu fest, daß es zwar zufriedenstellend arbeitende Anlagen mit Schlägermühlen gibt, daß sie aber ganz speziell auf bestimmte Brennstoffe eingerichtet sind und einen Wechsel der Kohle meist nicht vertragen. Eine Anfrage bezüglich der pneumatischen Mühle beantwortet er dahingehend, daß die Versuche zur Steigerung ihres Wirkungsgrades bisher meist Pröbelei waren. Die Ursache der Kohlenzertrümmerung ist noch nicht erforscht. Meist glaubt man, daß sie im Aufprall liegt, wogegen Herr Boie die Ansicht vertritt, daß die Zerkleinerung durch Abrieb im Mischrohr erfolgt. Erst nach Klärung dieser grundsätzlichen Frage wird man zu einer wirksamen Steigerung des Wirkungsgrades kommen können. Herr

WIRTH weist darauf hin, daß Verpuffungen in Kesselhäusern mit Sicherheit vermieden werden können, wenn genügende Mengen Stickstoff und Kohlensäure zur Verfügung stehen und die Erfahrungen beachtet werden. Zum Problem Salzkohle teilt er mit, daß im Kreis Merseburg über 1 Milliarde t Salzkohle lagern. Für ihre Verarbeitung gibt es vier Methoden:

1. die alte Leuna-Methode der Zumischung von Ton, die heute nicht mehr in Frage kommt;
2. die Vergasung der Salzkohle. Auch dabei geht man den Weg, zur Hebung des Schmelzpunktes Ton zuzumischen. Ob der thermische Wirkungsgrad dabei ausreichen wird, erscheint fraglich;
3. die Tieftemperatur-Verbrennung und
4. die Verbrennung in einem Zyklon.

Herr WIRTH betont dazu, daß das Verfahren das Rennen machen wird, das den besten thermischen Wirkungsgrad hat. Man dürfte nicht vom Preis der Kohle ausgehen, weil die Kohle heute viel zu niedrig bewertet würde. Die Kohle wird als chemischer Rohstoff an Wert gewinnen. Bei der Salzkohle handelt es sich darum, die Asche schnell aus dem Verbrennungsraum herauszubringen und zu verhindern, daß die Asche mitfliegt. Zur Reinigung der Heizflächen kommt ein Zusatz von Schlacken-Granulat zu den Rauchgasen in Frage. Man hat nämlich an Braunkohlenkesseln festgestellt, daß die Kessel bei hohem Sandgehalt der Kohle sauber bleiben.

Herr BOIE bemerkt dazu, daß bei der Vergasung nie der thermische Wirkungsgrad der direkten Kohlenverbrennung erreichbar sein wird.

LITERATURVERZEICHNIS

[1] W. Boie: Die Aschenschmelzkammer, ein Beitrag zur Flugaschenfrage. Wärme 54 (1931), 828—832.

[2] W. Cautius: Versuche mit einer Zyklonfeuerung. Mitt. VGB H. 17/18 (1951), S. 63—70 und Zwei Jahre Entwicklungsarbeit am Zyklon. Mitt. VGB H. 21 (1952), S. 234—237.

[3] Ü. L. Marschak: Untersuchung der WTI-Feuerung mit maximaler Ascheneinbindung bei Verfeuerung von Kieselow-Kohle. Teploenergetika (russ.) 1956, H. 2, 12—20.

[4] H. Trenkler: Schmelzmuffelfeuerung für rheinische Braunkohle. Mitt. VGB H. 36 (1955), 614—15

[5] E. Blass: Betriebserfahrungen mit der KSG-Wirbelfeuerung. Mitt. VGB H. 21 (1952), S. 271—276.

[6] R. Huber: Betriebsergebnisse eines mit Braunkohle befeuerten Zyklonkessels in einem österreichischen Kraftwerk. Energie 7 (1955), 157—161.

[7] W. Boie: Die Verwendung von Salzkohle. Energietechn. 6 (1956), 64—66.

[8] H. Lenkewitz: Über die Verbrennung rheinischer Braunkohle in Staubfeuerungen. Braunkohle, Wärme u. Energie 7 (1955), 242—248 und Neuere Erfahrungen mit der Verbrennung rheinischer Braunkohle in staubgefeuerten Kesseln. Mitt. VGB H. 38 (1955), 784—796.

[9] H. Lenkewitz: Die Entwicklung der staubgefeuerten Braunkohlenkessel. Techn. Mitteil. 49 (1956), 50—56.

[10] W. Boie: Die kalte Verbrennung. Mitt. VGB H. 40 (1956), 1—13.

[11] W. Boie: Allgemeines Diagramm der Brennstoffe. Die Technik 8 (1953), 305—309.

[12] W. Boie: Beiträge zum feuerungstechnischen Rechnen, Teil II, Die Verbrennungsrechnung mit Kennziffern. Energietechn. 3 (1953), 352—362, Teil III, Die Beziehungen des Heizwertes der Brennstoffe zu dem Luftbedarf, der Rauchgasmenge und der Rauchgaszusammensetzung. Energietechn. 3 (1953), 403—409.

[13a] W. Boie: Das J-H_u-t-Schaubild der Brennstoffe. AfW 17 (1936), 105—108.

[13b] W. Boie: Die Wärmeleitzahl der Rauchgase. Wiss. Z. T. H. Dresden 4 (1954/55), 605—609.

[13c] W. Boie und J. Klopp: Die kinematische Zähigkeit der Rauchgase. Wiss. Z. T. H. Dresden 5 (1955/56), 861—864.

[14] W. Boie: Vom Brennstoff zum Rauchgas, feuerungstechnisches Rechnen mit Brennstoffkenngrößen und seine Vereinfachung mit Mitteln der Statistik. B. G. Teubner, Leipzig (erscheint Sommer 1957).

[15] A. Kneschke: Betrachtungen am Körnungsnetz von Rosin und Rammler. Bergakademie 6 (1954), 535—541.

[16] E. Rammler: Bemerkungen zu den Feinheits- und Gleichmäßigkeitskennziffern des Mahlgutes nach Kneschke. Bergakademie 7 (1955), 283—289.

[17] E. Rammler: Zu den Feinheitsordnungen des Mahlgutes. Freiberger Forschungshefte A 44 (1955), 96—108.

[18] K. Schwarz: Untersuchungen über die Wichteverteilung, die Wasser- und Dampfgeschwindigkeit sowie den Reibungsdruckabfall in lotrechten und waagerechten Kesselsteigrohren. VDI-Forschungsheft 445, Ausg. B 20 (1954).

[19] G. Wünsch: Allgemeine Betrachtungen zur Regelung von Dampfkesseln. Techn. Mitt. 49 (1956), 69—73.

[20] M. Hübner: Betriebserfahrungen mit Fliehkraftabscheidern zur Erzielung salzarmen Dampfes in Trommelkesseln. Mitt. VGB H. 33 (1955), 393—400.

[21] W. Boie: Probleme der Vermeidung von Rauchschäden aus Feuerungen. Energietechn. 5 (1955), 498—506.

Bei Fragen zur Produktsicherheit wenden Sie sich bitte an:
If you have any questions regarding product safety,
please contact:

Walter de Gruyter GmbH
Genthiner Straße 13
10785 Berlin
productsafety@degruyterbrill.com